ISBN 978-3-662-22739-8 ISBN 978-3-662-24668-9 (eBook)
DOI 10.1007/978-3-662-24668-9

Zeitliche Schwankungen der Refraktionskonstante und Fernrohrbiegung

Von

F. Schmeidler, München[1]

(Vorgelegt in der Sitzung der math.-nat. Klasse am 10. November 1972 durch das k. M. Karl Schütte)

Zusammenfassung

Aus Beobachtungen absoluter Deklinationen, die in Pulkovo, Odessa, München und Canberra (Australien) gemacht wurden, ergibt sich übereinstimmend eine jährliche und in München auch eine tägliche Schwankung der Refraktionskonstante. Dabei ist die Refraktionskonstante im Sommer ungefähr $0\overset{''}{.}1$ kleiner und im Winter um den gleichen Betrag größer als ihr mittlerer Wert. Durchweg läßt sich die Schwankung erst dann zweifelsfrei nachweisen, wenn gleichzeitig die Biegung des benutzten Instruments und ihr Temperaturgang sorgfältig bestimmt werden. Die Gleichartigkeit der an vier verschiedenen Orten gefundenen Schwankung der Refraktion macht es wahrscheinlich, daß eine universelle Ursache vorliegt. Ein kleiner Teil des erhaltenen Effekts kann dadurch erklärt werden, daß in der Theorie der Refraktion die Abweichung des Verhaltens der Luft vom Gesetz der idealen Gase vernachlässigt wird. In einem Zusatz wird darauf hingewiesen, daß die Resultate dieser Arbeit durch die dem Verfasser erst nach Abschluß des Manuskripts bekanntgewordenen Untersuchungen von A. Thom über Mondbeobachtungen in der Steinzeit qualitativ bestätigt werden.

1. Einleitung

Seit mehreren Jahrzehnten ist die Frage umstritten, ob die Refraktionskonstante kleine zeitliche Schwankungen aufweist oder nicht.

[1] Anschrift des Verfassers: Universitätssternwarte München-Bogenhausen, Scheinerstr. 1.

Teils aus theoretischen Erwägungen und teils wegen der aus Beobachtungen gewonnenen Erfahrungen sind verschiedene Autoren zu unterschiedlichen Resultaten über diese Frage gekommen. Soweit Schwankungen gefunden wurden, betrugen sie in jedem Fall nur Bruchteile von Bogensekunden; ihr Effekt überlagerte sich den bereits bekannten Veränderungen der Refraktion, die ihre Ursache in Schwankungen des Luftdrucks, der Temperatur und der Luftfeuchtigkeit haben.

Erstmalig wurden Anzeichen zeitlicher Schwankungen der Refraktion von Gyldén [1] anläßlich der Beobachtungen von Peters am Vertikalkreis in Pulkovo bemerkt. Sowohl die jahreszeitlichen Unterschiede des gefundenen Wertes für den Ausdehnungskoeffizienten m der Luft als auch die Unterschiede zwischen Beobachtungen am Tag und in der Nacht, die Gylden fand, lassen sich in natürlichster Weise durch entsprechende Schwankungen der Refraktionskonstante deuten. Später haben dann Kudriavzev [2] und Bonsdorff [3, 4] in mehreren Arbeiten diese Frage systematisch untersucht und klare Anzeichen für jahreszeitliche und tageszeitliche Veränderungen der Refraktion gefunden. Um 1920 hat Harzer [5] bei der numerischen Berechnung der Refraktion mit Hilfe meteorologischer Daten auf theoretischem Weg die Existenz von zeitlichen Schwankungen der Refraktion gezeigt und ihre Beträge berechnet.

Die Resultate dieser Autoren sind dann von anderer Seite kritisiert worden. Courvoisier [6] wies darauf hin, daß Bonsdorff zwar jahreszeitliche Schwankungen der Refraktionskonstante, aber auch einen zu großen Wert des Ausdehnungskoeffizienten der Luft gefunden habe und daß bei Benutzung des richtigen, aus Laboratoriumsmessungen bekannten Wertes von m die Refraktionsschwankungen praktisch verschwinden.

Auch die theoretischen Resultate von Harzer wurden von Banachiewicz [7] angefochten. Während Harzer [8] die meisten dieser Einwände entkräften konnte, wurde schließlich 1951 von Koebcke [9] gezeigt, daß die Harzersche Berechnung der täglichen und jährlichen Änderungen der Refraktion durch systematische Fehler entstellt ist. Aus diesem Grund wurden diese kleinen Terme von Orlov [10] anläßlich der Edition der 4. Auflage der Refraktionstafeln von Pulkovo nicht mehr berücksichtigt, während Dneprovski [11] sie in der 3. Auflage aufgenommen hatte. Vor einigen Jahren kam Orlov [12] erneut auf die Frage zurück und bestätigte durch quantitative Rechnung die erwähnte Vermutung von Courvoisier [6], daß bei Verwendung des richtigen Wertes der Ausdehnungskoeffizienten der Luft die jahreszeitlichen Schwankungen der Refraktionskonstante verschwinden.

Im Gegensatz dazu haben andere Autoren in neuester Zeit eindeutige Hinweise auf die Existenz zeitlicher Veränderungen der Refraktion gefunden. Bei Beobachtungen von Sternen in sehr großer Zenitdistanz fand Brünig [13] Refraktionsdifferenzen, die zum Teil als zeitliche Änderungen der Refraktion gedeutet werden konnten; allerdings ergaben sich aus seinen Beobachtungen auch noch andere systematische Veränderungen der Refraktion, deren Gründe bisher nicht voll geklärt werden konnten.

Der Verfasser dieser Zeilen konnte aus den in den Jahren 1954/55 in Canberra in Australien gemachten Beobachtungen mit dem Vertikalkreis der Münchner Sternwarte [14] die Existenz einer jahreszeitlichen Schwankung der Refraktionskonstante mit einer Amplitude von 0".1 nachweisen. Aus den vorher mit dem gleichen Instrument in München gemachten Beobachtungen ließ sich nur eine schwache und nicht verbürgbare Andeutung dieses Effekts gewinnen. Später konnte Petri [15] aus der Bearbeitung früherer Beobachtungen von Rabe in München ebenfalls einen jahreszeitlichen Gang der Refraktionskonstante ableiten.

Die vorliegende Arbeit bemüht sich, die Frage in zusammenfassender Weise zu klären. Neue Beobachtungen, die vom Verfasser in München gemacht wurden und deren vollständige Publikation für später vorgesehen ist, beweisen erneut zeitliche Änderungen der Refraktionskonstante mindestens für München. Außerdem ergeben sich auch aus den früher gemachten Beobachtungsreihen in Pulkovo und Odessa bei sorgfältiger Berücksichtigung aller systematischen Effekte entsprechende Schwankungen der Refraktion. Da diese sich schließlich aus den Beobachtungen an vier verschiedenen Sternwarten (nämlich Pulkovo, Odessa, München und Canberra) mindestens bezüglich des jährlichen Gangs in Amplitude und Phase als sehr ähnlich erweisen, darf die ganze Erscheinung wohl als ein allgemeines Phänomen angesehen werden.

2. Die Biegung des Münchner Vertikalkreises

Die oben erwähnten Beobachtungen mit dem Münchner Vertikalkreis schlossen sich zeitlich an den Abschluß der „Messungen fundamentaler Deklinationen auf beiden Hemisphären“ [14] an. Ihre Aufgabe war die Messung der Deklinationen der Zusatzsterne des FK 3 in nördlichen Deklinationen, von denen in [14] nur einige wenige vertreten waren; zusammen mit [14] soll diese Meßreihe eine vollständige Durchbeobachtung des gesamten Fundamentalkatalogs von $+90°$ bis $-90°$ Deklination mit dem gleichen Instrument durch den gleichen Beobachter darstellen.

Die in Canberra gemachten Erfahrungen der Existenz einer Jahresschwankung der Refraktionskonstante waren Anlaß, die neuen Beobachtungen in München so anzulegen, daß aus ihnen eine eventuell vorhandene entsprechende Jahresschwankung auch in München abgeleitet werden konnte. Aus diesem Grund wurden die Beobachtungen jedes Sterns über möglichst mehrere Monate verteilt. Das gesamte Beobachtungsprogramm, das außer den Zusatzsternen des nördlichen Himmels auch einige ausgewählte Auwers-Sterne des FK 3 umfaßte, wurde im Juli 1957 begonnen und war Ende 1961 erledigt.

Bei der Prüfung des Beobachtungsmaterials auf zeitliche Schwankungen der Refraktionskonstante erwies sich eine genaue Untersuchung der Biegung des Instruments als sehr wichtig. Das kann nicht überraschen, da schon frühere Beobachtungsreihen mit dem Münchner Vertikalkreis [16] die überragende Bedeutung einer genauen Kontrolle der Biegung des Instruments erwiesen hatten. Da sich schließlich zeigte, daß die Resultate über die Jahresschwankung der Refraktionskonstante in den Jahren 1957/61 erst durch Vergleich mit gewissen Teilresultaten der Biegungsuntersuchung volle Überzeugungskraft gewinnen, muß schon an dieser Stelle die Diskussion der Biegung in voller Ausführlichkeit wiedergegeben werden. Damit wird ein Teil der für später vorgesehenen Publikation des Katalogs vorweggenommen.

Wie in allen früheren Beobachtungsreihen des Verfassers wurde die Biegung durch regelmäßige Beobachtungen tief im Süden kulminierender Sterne mit Reflexion des Lichts am Quecksilberhorizont bestimmt. Aus der dabei gefundenen Differenz zwischen der durch direkte bzw. reflektierte Beobachtung gemessenen Zenitdistanz wurde jeweils durch Division durch 2 sin z der Wert der Biegungskonstante b ermittelt. Die dabei gemachte Voraussetzung, daß die Biegung durch die einfache Formel b sin z wiedergegeben wird, hatte sich anläßlich der Beobachtungen in Canberra [14] als unzureichend erwiesen. Dennoch sollen zunächst die reinen Beobachtungsresultate in dieser Form hier referiert werden; über die aus ihnen vorzunehmende Ableitung der in Wirklichkeit komplizierteren Biegungsformel wird weiter unten noch gesprochen werden.

Von Mitte 1957 bis Ende 1961 wurden 32 Reflexbeobachtungen gemacht, deren Resultate Tabelle 1 angibt. Nach Angabe des Datums und der FK 3-Nummer des beobachteten Sterns folgen die Temperatur und die Zenitdistanz des Sterns, danach der in der oben beschriebenen Weise abgeleitete Wert der „Horizontalbiegung" b. Das Vorzeichen von b ist dabei so gewählt, daß positive Werte von b einer stärkeren Durchbiegung der Okularhälfte des Rohres entsprechen.

Die in der letzten Spalte der Tabelle 1 angegebenen Größen b müßten konstant sein, wenn die Biegung durch den einfachen Ausdruck b sin z darstellbar wäre. Tatsächlich hängen sie von den äußeren Umständen während der Messung ab. Eine Reihe von Versuchsrechnungen ergab folgende systematische Effekte in den Zahlen b:

1. Besteht ein säkularer Gang derart, daß die Beträge von b von Jahr zu Jahr abnehmen.

2. Hängen die Werte b von der Zenitdistanz selbst in einer Form ab, als deren beste interpolatorische Darstellung sich die Funktion cos 12 (z—3°) erwies und

3. besteht eine schwache Abhängigkeit von der Temperatur.

Zur Bestimmung des säkulären Gangs der Biegung wurden die Messungen je eines vollen Jahres in Mittelwerte zusammengefaßt. Ihre Darstellung durch die Formel

$$b_0 + \beta_1 (t - 1959.5) = b \tag{1}$$

ergab die folgenden Gleichungen für die beiden Konstanten b_0 und β_1:

$$\begin{aligned}
1957: \; b_0 - 1{,}7\,\beta_1 &= -0{,}''61\\
1958: \; b_0 - 1{,}0\,\beta_1 &= -0{,}63\\
1959: \; b_0 \quad 0{,}0\,\beta_1 &= -0{,}38\\
1960: \; b_0 + 1{,}0\,\beta_1 &= -0{,}64\\
1961: \; b_0 + 2{,}0\,\beta_1 &= -0{,}42
\end{aligned}$$

Tabelle 1. Die Messungen der Biegung (München 1957—1961)

Datum	Stern-Nr.	Temp. (C)	Zenitdist.	b
1957, Juni 29	633	+ 17°,6	39°	− 1″,40
Sept. 7	756	+ 16,8	49	− 0,41
8	808	+ 17,0	54	+ 0,06
Okt. 8	22	+ 6,4	66	− 0,04
25	878	+ 4,7	45	− 0,39
26	756	+ 7,1	49	− 0,72
Dez. 21	22	− 3,0	66	− 1,47
1958, Jan. 22	224	− 5,4	41	− 0,17
März 15	354	− 4,9	57	− 0,92
Apr. 14	498	+ 2,6	59	− 0,74
Mai 29	564	+ 10,5	57	− 0,98
Juli 17	706	+ 12,0	74	− 0,91
Aug. 10	756	+ 19,7	49	− 0,28
18	745	+ 19,5	39	− 1,03
Dez. 7	22	− 5,7	66	+ 0,02
1959, Feb. 5	243	− 3,1	66	− 0,24
Apr. 4	354	+ 13,1	57	− 0,47
Juli 10	665	+ 20,6	44	− 0,62
Aug. 24	745	+ 18,2	39	− 0,23
28	762	+ 15,5	63	− 0,75
Nov. 24	808	− 2,5	54	+ 0,02
1960, Feb. 8	194	− 10,0	56	− 0,49
März 28	381	+ 6,8	60	− 0,98
Apr. 13	354	+ 9,9	57	− 0,40
Juni 16	564	+ 13,0	57	− 0,76
Aug. 26	745	+ 20,7	39	− 0,88
Nov. 30	22	+ 2,4	66	− 0,35
1961, März 5	308	+ 3,7	72	− 0,05
Mai 24	594	+ 9,9	71	− 0,83
25	498	+ 13,7	59	− 0,40
Aug. 26	745	+ 15,4	39	− 0,70
Okt. 11	827	+ 11,2	49	− 0,14

Die Auflösung dieser Gleichungen nach der Methode der kleinsten Quadrate ergab

$$b_0 = -0''\!,54 \pm 0''\!,07 \qquad \beta_1 = +0''\!,04 \pm 0''\!,04 \text{ pro Jahr.}$$

Die für den säkulären Gang maßgebliche Konstante β_1 ist nicht größer als ihr mittlerer Fehler, kann also nicht verbürgt werden. Die Berechtigung, sie dennoch als reell anzusehen, folgt aus der Tatsache, daß die Messungen der Biegung im Jahre 1962 (das nicht mehr der hier referierten Beobachtungsreihe angehört) eine weitere Verkleinerung von b bewiesen.

Die Bestimmung des zu cos 12 (z — 3°) proportionalen Gliedes der Biegung erfordert die Trennung der Werte der Tabelle 1 nach Zenitdistanzen. Die Darstellung der Werte durch die Formel

$$b_0 + \beta_2 \cos 12\,(z - 3^\circ) = b \qquad (2)$$

ergibt nach Aufteilung des Materials in Mittelwerte für vier verschiedene Zenitdistanzen die folgenden Gleichungen:

$$\begin{array}{lrl} \bar{z} = 40^\circ & n = 7: & b_0 + 0{,}11\,\beta_2 = -0''\!,68 \\ 50 & 7: & b_0 - 0{,}91\,\beta_2 = -0{,}30 \\ 58 & 10: & b_0 + 0{,}50\,\beta_2 = -0{,}69 \\ 68{,}5 & 8: & b_0 + 0{,}41\,\beta_2 = -0{,}48 \end{array}$$

Aus diesen Gleichungen folgt

$$b_0 = -0''\!,53 \pm 0''\!,07 \qquad \beta_2 = -0''\!,23 \pm 0''\!,12$$

Endlich ergibt sich die Temperaturabhängigkeit der Biegung aus dem Ansatz

$$b_0 + \beta_3\,(T - 8^\circ\!,5) = b, \qquad (3)$$

in welchem T die Temperatur in Celsiusgraden bedeutet. Der Wert + 8°,5, auf den die Formel (3) als Nullpunkt bezogen ist, stellt das Mittel der in Tabelle 1 vorkommenden Werte von T dar. Die Unterteilung des Materials in verschiedene Temperaturbereiche ergab folgende Werte, denen die entsprechenden Bedingungsgleichungen für die Unbekannten b_0 und β_3 beigefügt sind:

$$\begin{array}{rrl} T < 0^\circ & \bar{T} = -\ \ 3{,}5 & b_0 - 12{,}0\,\beta_3 = -0''46 \\ 0^\circ \text{ bis } 5^\circ & +\ \ 3{,}4 & b_0 - \ \ 5{,}1\,\beta_3 = -0{,}38 \\ 5^\circ \text{ bis } 10^\circ & +\ \ 8{,}0 & b_0 - \ \ 0{,}5\,\beta_3 = -0{,}59 \\ 10^\circ \text{ bis } 15^\circ & +12{,}2 & b_0 + \ \ 3{,}7\,\beta_3 = -0{,}61 \\ > 15^\circ & +18{,}1 & b_0 + \ \ 9{,}6\,\beta_3 = -0{,}62 \end{array}$$

Die Auflösung dieser Gleichungen nach der Methode der kleinsten Quadrate ergab

$$b_0 = -0{,}''54 \pm 0{,}''04 \qquad \beta_3 = -0{,}''0101 \pm 0{,}''0045 \text{ pro Grad C.}$$

Damit sind die drei systematischen Effekte, die auf die Biegung Einfluß haben, zahlenmäßig bestimmt. In Strenge stellen die gefundenen Werte nur die erste Näherung dar; verbesserte Werte könnten aus ihnen ermittelt werden, indem die Ausgleichungen der drei Formeln (1), (2) und (3) wiederholt, dabei aber auf den rechten Seiten die jeweils nicht berücksichtigten Glieder mit den aus der ersten Näherung gefundenen Zahlenbeträgen als Korrektionen berücksichtigt würden. Einige Versuchsrechnungen dieser Art bewiesen, daß die Koeffizienten sich in der so erhaltenen zweiten Näherung nicht mehr änderten.

Durch Zusammenfassung der drei Formeln (1), (2) und (3) erhält man für den vollen Einfluß der Biegung, der gleich dem Produkt der Größe b mit $\sin z$ ist, den folgenden Ausdruck

$$\begin{aligned}\Delta z = [&\underset{\pm 0{,}''07}{-0{,}''54} \underset{\pm 0{,}''04}{+0{,}''04} (t - 1959.5) \underset{\pm 0{,}''12}{-0{,}''23} \cos 12 (z - 3^\circ) - \\ &\underset{\pm 0''0045}{-0{,}''0101} (T - 8{,}^\circ5)] \sin z \end{aligned} \tag{4}$$

Da die Biegung antisymmetrisch zum Zenit verläuft, muß bei Sternen, die nördlich des Zenits kulminieren, in dem zu $\cos 12 (z - 3^\circ)$ proportionalen Glied für z dessen Absolutwert $|z|$ eingesetzt werden; hingegen ist der Faktor $\sin z$ entsprechend der üblichen Definition südlich des Zenits positiv und nördlich des Zenits negativ zu nehmen. Die so bedingte Diskontinuität der Formel (4) im Zenit ist praktisch ohne Bedeutung, weil Δz ohnehin für $z = 0^\circ$ verschwindet; daß diese Diskontinuität mathematisch unbefriedigend ist, hindert nicht, Formel (4) als reine Interpolationsformel zu verwenden, wenn sie als solche zweckmäßig ist.

Das zu $\cos 12 (z - 3^\circ)$ proportionale Glied ist nur etwa doppelt so groß wie sein mittlerer Fehler und kann demnach nicht als verbürgt gelten. Ähnlich wie im Fall der Konstante β_1 kann aber die Realität dieses Gliedes durch eine zusätzliche Überlegung gestützt werden. Bei Vernachlässigung des säkularen Gliedes und des von der Temperatur abhängigen Gliedes ergibt nämlich Formel (4) für die Biegung als Funktion der Zenitdistanz einen sehr nahe ähnlichen Verlauf wie bei den zeitlich vorhergegangenen Beobachtungen in Canberra. Die dort gefundenen und in [14] auf p. 238 numerisch gegebenen Biegungswerte zeigen ähnlich wie die hier abgeleitete Formel (4) besonders kleine Beträge in Zenitdistanzen um 20° und um 50°, besonders große Beträge jedoch zwischen 30° und 40° sowie zwischen 60° und 70°. Der Unterschied des Vorzeichens zwischen den Werten in [14] und der Formel (4) erklärt sich daraus, daß Canberra auf der Südhalbkugel liegt und dort der Zählsinn der Zenitdistanzen entgegengesetzt wie in München verläuft. Die gute Ähnlichkeit der Biegungswerte (4) mit den in Canberra gefundenen Zahlen ist demnach eine starke Stütze für die Realität des zu $\cos 12\,(z - 3°)$ proportionalen Gliedes in (4).

Neu gegenüber den Resultaten in [14] sind der säkulare Gang der Biegung und ihre Temperaturabhängigkeit. Beide können zwanglos durch langsame Veränderungen des Fernrohrtubus erklärt werden.

3. Schwankungen von Refraktion und Polhöhe in München in den Jahren 1957—1961

Die im vorhergehenden Abschnitt abgeleiteten Werte der Biegung wurden an die in den Jahren 1957—1961 mit dem Münchner Vertikalkreis beobachteten absoluten Zenitdistanzen zunächst nicht angebracht. Vielmehr wurde die Prüfung des Materials nach Anzeichen von Schwankungen der Refraktionskonstante mit Hilfe eines differentiellen Verfahrens ausgeführt, das weitgehend unabhängig von der Biegung des Instruments ist.

Bei dieser Untersuchung wurden nur die südlich des Zenits kulminierenden Sterne verwendet, weil im Norden des Münchner Vertikalkreises die in früheren Arbeiten des Verfassers behandelte Störung der Refraktion infolge der Wärmestrahlung des Hauptgebäudes der Sternwarte zusätzliche Komplikationen mit sich gebracht hätte. Für jeden Stern wurden alle im Lauf eines bestimmten Monats gemachten Messungen der Zenitdistanz z (die selbstverständlich wegen der bekannten Effekte wie Präzession, Aberration etc. korrigiert waren) zu einem Mittelwert zusammengefaßt. Die Differenz zwischen dem Mittel der Messungen eines Monats und dem Mittel der Messungen des gleichen Sterns im vorangegangenen Monat sei gleich

$$D_i = z_{i+1} - z_i .$$

Alle zum gleichen Paar von Monaten gehörenden Werte D_i verschiedener Sterne können wieder zu einem Mittelwert vereinigt werden, der dann Aussagen über Polhöhenschwankungen, zeitliche Änderungen der Refraktionskonstante und über den temperaturabhängigen Term der Biegung enthält. Die Biegung selbst fällt bei der Bildung der Differenzen heraus.

Zwecks Prüfung der Existenz von Schwankungen der Refraktion und der Biegung wurden zunächst die Polhöhenschwankungen aus dem erhaltenen Material eliminiert. Dies geschah durch getrennte Ableitung der Werte D_i für Sterne mit Zenitdistanzen über 30° bzw. unter 30°. Es wurden daher für jeden Monat die Differenzen

$$\Delta_i = D_i' - D_i''$$

mit D_i' = Mittel der D_i aller Sterne mit $z > 30°$ und
D_i'' = Mittel der D_i aller Sterne

gebildet. Diese Differenzen sind von Polhöhenschwankungen frei, weil diese in allen Zenitdistanzen den gleichen Einfluß auf die Meßresultate haben. Die Zahlen Δ_i wurden außerdem noch für gleichartige Monate des gesamten Zeitraums von Mitte 1957 bis Ende 1961 gemittelt, wobei sich die Werte der Tabelle 2 ergaben.

Die in der letzten Spalte unter „geglättet“ stehenden Zahlen sind durch übergreifende Dreiermittel erhalten. Man erkennt aus den Zahlen drei Tatsachen:

1. Der Mittelwert über das ganze Jahr ist deutlich größer als Null. Das deutet auf einen abendlichen Gang der Refraktion hin, da die Beobachtungen stets in der Zeit zwischen Sonnenuntergang und Mitternacht gemacht wurden.

2. Es existiert eine deutliche Jahresperiode; die Δ_i sind von Februar bis Juni positiv, in den übrigen Monaten negativ.

3. Der Verlauf ist leicht asymmetrisch; der Anstieg der Δ_i zum Maximum ist steiler als der Abfall zum Minimum.

Tabelle 2. Die Werte Δ_i

Monat	i	Δ_i	geglättet
Januar	1	$-0\overset{\prime\prime}{,}09$	$-0\overset{\prime\prime}{,}03$
Februar	2	$+0,07$	$+0,01$
März	3	$+0,06$	$+0,10$
April	4	$+0,17$	$+0,11$
Mai	5	$+0,11$	$+0,09$
Juni	6	$0,00$	$+0,04$
Juli	7	$0,00$	$-0,04$
August	8	$-0,13$	$-0,04$
September	9	$0,00$	$-0,05$
Oktober	10	$-0,01$	$-0,01$
November	11	$-0,02$	$-0,03$
Dezember	12	$-0,06$	$-0,06$

Durch die Zahlen der Tabelle 2 ist die Existenz einer jährlichen Periode in den Differenzen D_i der Beobachtungen der gleichen Sterne in zwei aufeinander folgenden Monaten erwiesen; aus ihr kann auf eine jährliche Schwankung der gemessenen Zenitdistanzen selbst geschlossen werden. Noch nicht erwiesen ist aber, daß diese Schwankung durch eine Veränderung der Refraktionskonstante mit jährlicher Periode verursacht ist, weil nach Gleichung (4) auch der temperaturabhängige Term der Biegung Meßfehler mit jährlicher Periode erzeugt. Es muß aus diesem Grund geprüft werden, ob die aus den Zahlen der Tabelle 2 hervorgehende Jahresschwankung als Funktion der Zenitdistanz besser durch die Funktion $\sin z$ oder durch $\operatorname{tg} z$ dargestellt wird; der erste Fall würde für Biegung, der zweite für Refraktion als Erklärung sprechen.

Aus diesem Grund wurde das gesamte Beobachtungsmaterial in vier Bereiche in Zenitdistanz unterteilt und, zwar von $z = 0°$ bis $+20°$, von 20° bis 40°, von 40° bis 60° und von 60° bis 80°. In jedem dieser vier Bereiche wurde für jeden einzelnen Monat der Zeit von Mitte 1957 bis Ende 1961 der Wert D_i unter Benutzung aller Sterne gebildet, die in dem betreffenden Monat und in dem darauffolgenden Monat beobachtet worden waren. Von den so erhaltenen mittleren D_i wurden diejenigen Beträge d_i abgezogen, die auf die Polhöhenschwankungen zurückgingen; ihre Werte wurden aus der Publikation von Cecchini [17] entnommen. Die Differenzen $D_i - d_i$ sind dann allein durch systematische Fehler der Messungen bedingt und können, wie oben bemerkt, teils Folge einer jahreszeitlichen Schwankung der Biegung, teils einer solchen der Refraktion sein. Für jeden der 12 Monate des Jahres wurden die mittleren Werte der Differenzen $D_i - d_i$ aus den für die Einzeljahre gefundenen Werten gebildet; die Resultate sind in Tabelle 3 wiedergegeben.

Tabelle 3. Die Werte $D_i - d_i$

Monat	$z = 0° - 20°$	$20° - 40°$	$40° - 60°$	$60° - 80°$
Januar	+ 0,27″	+ 0,03″	+ 0,52″	− 0,58″
Februar	+ 0,21	0,00	+ 0,25	+ 0,03
März	0,00	+ 0,22	+ 0,01	+ 0,34
April	− 0,32	− 0,13	+ 0,40	+ 0,50
Mai	− 0,03	+ 0,01	+ 0,10	+ 0,43
Juni	+ 0,26	+ 0,08	− 0,11	+ 0,30
Juli	+ 0,01	+ 0,13	+ 0,01	+ 0,41
August	− 0,06	+ 0,12	+ 0,14	− 0,52
September	+ 0,20	+ 0,06	+ 0,10	+ 0,02
Oktober	− 0,24	+ 0,04	− 0,04	− 0,05
November	+ 0,31	+ 0,08	+ 0,08	+ 0,38
Dezember	+ 0,09	+ 0,33	+ 0,15	− 0,17

Für die Darstellung der Werte $D_i - d_i$ der Tabelle 3 wurde der Ansatz

$$D_i - d_i = A\,(f_i + q) \quad \text{mit} \quad A = A\,(z) \tag{5}$$

gemacht, in dem A einen von der Zenitdistanz abhängigen Faktor, f_i die geglätteten Werte Δ_i der letzten Spalte von Tabelle 2 und q eine Konstante bedeuten. Der Ansatz (5) enthält also fünf Unbekannte, nämlich die vier Amplitudenfaktoren $A\,(z)$ für die vier Bereiche in Zenitdistanz und die Konstante q.

Im Ansatz (5) ist die Hypothese enthalten, daß die zeitlich konstante Änderung der gemessenen Zenitdistanzen, die durch q beschrieben wird und einem abendlichen Gang der Refraktion sowie der Biegung entspricht, in der gleichen Weise von z abhängt wie der jährliche periodische Term $A\,f_i$. Diese Hypothese ist nicht bewiesen; sie ist immerhin plausibel genug, um zur Vereinfachung des Problems eingeführt zu werden. Würde sie nicht verwendet werden, dann müßten entsprechend mehr Konstante in die Gleichung (5) eingeführt werden, die aus dem vorliegenden Beobachtungsmaterial nicht mit ausreichender Sicherheit bestimmt werden könnten.

Die Bestimmung der Unbekannten in (5) wurde mit Hilfe eines Näherungsverfahrens durchgeführt. Mit Benutzung eines zunächst willkürlich gewählten Wertes von q wurde aus den 12 Werten $D_i - d_i$ jeder Zone in Zenitdistanz der wahrscheinlichste Wert des Faktors A bestimmt. Mit den so erhaltenen vier Werten für A wurde aus den vier Gleichungen

$$\frac{1}{12}\sum_{i=1}^{12}(D_i - d_i) = A\,(\bar{f} + q) \quad \text{mit} \quad \bar{f} = \frac{1}{12}\sum_{i=1}^{12} f_i \tag{6}$$

ein verbesserter Wert von q bestimmt. Dieser diente als Ausgangswert für die Bestimmung verbesserter Werte der A. Bereits die zweite Iteration des Verfahrens ergab Resultate, die mit der ersten Hypothese genügend gut übereinstimmten, um als endgültig gelten zu können. Die endgültigen Werte der Unbekannten des Ansatzes (5) ergaben sich mit Hilfe der Zahlen der Tabelle 3 zu

$$\begin{aligned} q &= +\,0{,}''04 \\ A &= -\,0{,}4 \text{ für } z = 0°\text{—}20°, \\ &\ +\,0{,}2 \text{ für } z = 20°\text{—}40°, \\ &\ +\,1{,}1 \text{ für } z = 40°\text{—}60° \text{ und} \\ &\ +\,2{,}9 \text{ für } z = 60°\text{—}80°. \end{aligned}$$

Um zu prüfen, ob die Faktoren A besser durch die Funktion $\sin z$ oder durch $\operatorname{tg} z$ dargestellt werden, wurden die vier erhaltenen Werte einer neuen Ausgleichung nach der Formel

$$b \sin z + k \operatorname{tg} z = A \tag{7}$$

unterworfen. Dabei wurden die Faktoren $\sin z$ und $\operatorname{tg} z$ jeweils dem mittleren Wert der Zenitdistanz in den vier Zonen, also den Werten

$z = 10°$, $30°$, $50°$ und $70°$ zugeordnet. So ergaben sich die folgenden vier Gleichungen

$$\begin{aligned} 0{,}17\,b + 0{,}18\,k &= -0{,}4 \\ 0{,}50\,b + 0{,}58\,k &= +0{,}2 \\ 0{,}77\,b + 1{,}19\,k &= +1{,}1 \\ 0{,}94\,b + 2{,}75\,k &= +2{,}9. \end{aligned}$$

Die Lösungs dieses Systems nach der Methode der kleinsten Quadrate ergibt

$$\begin{aligned} k &= +1{,}4 \pm 0{,}4 \\ b &= -1{,}1 \pm 0{,}8. \end{aligned}$$

Ein zu $\operatorname{tg} z$ proportionaler Term hat sich also mit Sicherheit ergeben, ein zu $\sin z$ proportionaler Term zwar mit Wahrscheinlichkeit, aber mit Rücksicht auf den mittleren Fehler in nicht voll verbürgbarem Betrag.

Ein Vergleich des gefundenen Wertes b mit den Resultaten der in Abschnitt 2 diskutierten Reflexbeobachtungen ergibt jedoch eine zusätzliche Stütze für die Realität des hier erhaltenen Ergebnisses. Die hier abgeleitete Unbekannte b steht mit dem Koeffizienten β_3 in der Formel für die Biegung in engem Zusammenhang. Wenn die Biegung einen Temperaturgang aufweist, ist

$$b\,f_i = \beta_3\,\tau_i, \tag{8}$$

wenn τ_i die Differenz zwischen der mittleren Temperatur eines Monats und der des folgenden Monats ist; unter β_3 ist dabei, wie in Formel (4), das Temperaturglied der Formel für die Biegung verstanden.

Aus (8) kann ein neuer Wert für β_3 abgeleitet werden, dessen Übereinstimmung mit dem Wert in (4) ein Kriterium für die Zuverlässigkeit der hier bestimmten Konstanten b ist. Sowohl die f_i als auch die τ_i variieren im Lauf eines Jahres in periodischer Weise; mit einer für den vorliegenden Zweck ausreichenden Genauigkeit kann die doppelte Amplitude der von beiden Größen ausgeführten Jahresschwankung gleich den Differenzen Δf bzw. $\Delta\tau$ zwischen dem maximalen und dem minimalen Wert angenommen werden. Demnach folgt aus (8)

$$\beta_3 = b\,\frac{\Delta f}{\Delta\tau}. \tag{9}$$

Aus den Zahlen der Tabelle 2 erhält man $\Delta f = 0\overset{''}{.}17$. Die Amplitude der Jahresschwankung der Temperatur kann mit ausreichender Genauigkeit aus den in Tabelle 1 angegebenen Temperaturen bei den Reflexbeobachtungen abgeleitet werden; bildet man das Mittel der drei höchsten Temperaturen, dann ergibt sich $+ 20\overset{\circ}{.}3$, bildet man das Mittel der drei niedrigsten Temperaturen, dann ergibt sich $- 7\overset{\circ}{.}0$. Die Differenz beider Werte kann als der doppelte Wert der Jahresschwankung der Temperatur während der Beobachtungen angesehen werden; für diese erhält man so den Wert $13\overset{\circ}{.}6$. Genähert ist demnach die Temperatur der 12 Monate des Jahres durch

$$T_i = T_0 - 13\overset{\circ}{.}6 \cos \frac{2\pi i}{12} \qquad i = 0, 1, \ldots, 11$$

gegeben. Daraus ergibt sich

$$\tau_i = T_{i+1} - T_i = - 13\overset{\circ}{.}6 \left(\cos \frac{2\pi (i+1)}{12} - \cos \frac{2\pi i}{12} \right) =$$

$$= 1\overset{\circ}{.}8 \cos \frac{2\pi i}{12} + 6\overset{\circ}{.}8 \sin \frac{2\pi i}{12}$$

Für die Differenz zwischen dem größten und dem kleinsten Wert von τ_i findet man daraus $\Delta \tau = 14\overset{\circ}{.}0$ und aus (9) für β_3 den Wert

$$\beta_3 = - 0\overset{''}{.}013 \pm 0\overset{''}{.}010$$

Die Übereinstimmung mit dem in (4) gefundenen Wert $\beta_3 = - 0\overset{''}{.}010 \pm 0\overset{''}{.}004$ ist gut genug, um als Argument für die Realität des gefundenen Wertes b in Gleichung (7) angesehen zu werden.

Durch die Übereinstimmung des auf den Temperaturgang der Biegung zurückgehenden Koeffizienten b mit den Resultaten der Reflexbeobachtungen gewinnt auch der Koeffizient k und mit ihm die Realität der Schwankung der Refraktionskonstante volle Glaubwürdigkeit. Um aus den von Monat zu Monat gebildeten Differenzen die jährlichen Schwankungen der Refraktionskonstante selbst zu ermitteln, wurden die Größen

$$h_i = - k (f_i - \bar{f}) \quad \text{mit} \quad \bar{f} = \frac{1}{12} \sum_{i=1}^{12} f_i \tag{10}$$

gebildet; aus ihnen erhält man durch Aufsummierung nach der Formel

$$R_{i+1} - R_i = h_i$$

die für jeden Monat gültigen Beträge R_i der Refraktionskonstante. Die bei der Summierung willkürlich wählbare Ausgangskonstante wurde in der Weise gewählt, daß der Mittelwert über alle 12 Monate gleich Null wurde, daß also die Abweichungen jedes Monats gegenüber dem mittleren Wert von R gebildet wurden. Das negative Vorzeichen in (10) ist erforderlich, weil im Fall einer Zunahme der wirklichen Refraktionskonstante die mit dem (unzutreffenden) mittleren Wert von R berechneten Zenitdistanzen zu klein ausfallen. Die Rechnung ergab die folgenden Ergebnisse:

Tabelle 4. Die Jahresschwankung der Refraktionskonstante

Monat	h_i	$R_i - R$
Januar	+ 0,″05	+ 0,″15
Februar	− 0,00	+ 0,20
März	− 0,13	+ 0,20
April	− 0,14	+ 0,07
Mai	− 0,12	− 0,07
Juni	− 0,04	− 0,19
Juli	+ 0,07	− 0,23
August	+ 0,07	− 0,16
September	+ 0,08	− 0,09
Oktober	+ 0,02	− 0,01
November	+ 0,05	+ 0,01
Dezember	+ 0,10	+ 0,06

Die Refraktionskonstante ist also im Winter etwa 0,″2 größer und im Sommer um den gleichen Betrag kleiner als ihr mittlerer Wert, mit welchem die Refraktionstafeln berechnet sind. Dieses Resultat stimmt voll überein mit dem Ergebnis von Petri [15], der aus der Bearbeitung der von Rabe mit dem gleichen Instrument an gleicher Stelle gemachten Beobachtungen ebenfalls eine jährliche Schwankung der Refraktionskonstante mit der Amplitude von 0,″2 und einem Maximum im Winter gefunden hatte. Auch mit den Resultaten des Verfassers in Canberra [14] besteht gute Übereinstimmung; auch dort wurde das Maximum der Refraktionskonstante im Winter gefunden. Die Amplitude der Jahresschwankung betrug in Canberra allerdings nur 0,"1, doch ändert das nicht die Übereinstimmung in der Größenordnung.

Als abendlicher Gang der Refraktionskonstante ist nach den Gleichungen (6) und (7) der Betrag

$$-k\,(\bar{f}+q)$$

anzusehen, für den sich mit den oben abgeleiteten numerischen Werten der Betrag — 0,"07 ergibt. Da die Differenzen D_i von Monat zu Monat gebildet worden waren, ist — 0,"07 der Betrag, um den sich die Refraktionskonstante im Lauf eines Abends in zwei Stunden verändert, weil die Kulmination jedes Sterns jeden Monat zwei Stunden früher als im vorhergehenden Monat stattfindet. Demnach beträgt die stündliche Änderung der Refraktionskonstante am gleichen Abend + 0,"035. Einen Anhaltspunkt über jahreszeitliche Unterschiede dieses Betrags gibt die vorliegende Untersuchung nicht; ein Versuch, auch solche Unterschiede zu ermitteln, würde ein wesentlich größeres Beobachtungsmaterial erfordern. Qualitativ stimmt der abendliche Gang der Refraktionskonstante mit dem jährlichen Gang insofern überein, als in beiden Fällen die höchsten Werte sich zur kältesten Zeit ergeben; für den abendlichen Gang folgt das daraus, daß die Refraktionskonstante im Lauf des Abends zunimmt.

4. Die Refraktionsschwankungen in Pulkovo und Odessa

Ein Vergleich der nach den vorhergehenden Ausführungen für München und Canberra übereinstimmend gefundenen jahreszeitlichen Schwankungen der Refraktionskonstante mit den von Kudriavzev [2] und Bonsdorff [4] gefundenen Resultaten ergibt ein überraschendes Bild. Sowohl bei den Vertikalkreisbeobachtungen in Pulkovo als auch bei denen in Odessa wurden von beiden Autoren jahreszeitliche Schwankungen der Refraktion gefunden, aber mit dem umgekehrten Vorzeichen wie hier, nämlich mit einem Maximum der Refraktionskonstanten im Sommer statt im Winter. Könnten die Resultate der Beobachter in

Pulkovo und Odessa unverändert übernommen werden, so würden sie gegen die Realität der Refraktionsschwankungen überhaupt, mindestens aber gegen die Existenz einer gleichartigen Ursache von Refraktionsschwankungen an allen Orten sprechen.

Andrerseits sind, wie oben erwähnt, Bonsdorffs Resultate von Orlov [12] angefochten worden; nach seinen Resultaten zeigen die in Pulkovo und Odessa gemachten Beobachtungen bei Verwendung des richtigen Wertes für den Ausdehnungskoeffizienten der Luft überhaupt keine Refraktionsschwankung an.

Eine genauere Prüfung der von Bonsdorff [4] veröffentlichten Beobachtungen beweist indes, daß die von Orlov [12] angebrachten Korrektionen sogar noch zu klein sind. Bei voller Berücksichtigung aller Korrekturen ergibt sich demnach auch aus den Ergebnissen von Bonsdorff [4] eine jahreszeitliche Schwankung der Refraktion mit einem Vorzeichen, das dem von Bonsdorff [4] angegebenen entgegengesetzt und daher dem in der vorliegenden Arbeit gegebenen gleich ist.

Um das zu zeigen, ist es zunächst zweckmäßig, die Argumente von Orlov [12] kurz zu rekapitulieren. Da Bonsdorff mit einem zu großen Wert m des Ausdehnungskoeffizienten der Luft gearbeitet hatte, wurde in seinen Beobachtungen ein Fehler der Refraktion vom Betrag

$$\Delta z = R_0 \operatorname{tg} z \, (T - T_0) \, \Delta m \tag{11}$$

verursacht, wenn R_0 die mittlere Refraktionskonstante, T die Temperatur, T_0 ihr Mittelwert im Lauf des Jahres und Δm der Fehler des benutzten Ausdehnungskoeffizienten der Luft ist. Mit der Annahme einer jährlichen Amplitude der Temperaturschwankung in Pulkovo von $12^\circ\!\!.94$ und einem Wert $\Delta m = + 0{,}82 \cdot 10^{-4}$ folgt aus (11) eine jährliche Refraktionsschwankung mit einer Amplitude von $0''\!\!.06 \operatorname{tg} z$, was sehr genau der von Bonsdorff erhaltenen Refraktionsschwankung entspricht. Daraus zog Orlov [12] den Schluß, daß Bonsdorff bei Benutzung des richtigen Wertes des Ausdehnungskoeffizienten der Luft überhaupt keine Refraktionsschwankung mit jährlicher Periode erhalten hätte und daß also eine solche nicht existiere.

Diese Schlußfolgerung widerspricht aber einem anderen von Bonsdorff erhaltenen Resultat. Unter der Hypothese völliger Vernachlässigbarkeit jeglicher Refraktionsschwankung hat Bonsdorff [4] aus den in Pulkovo von 1845 bis 1905, in Odessa von 1908 bis 1910 und dann wieder in Pulkovo von 1911 bis 1916 gemachten Beobachtungen den Ausdehnungskoeffizienten der Luft bestimmt und die folgenden Resultate erhalten:

Pulkovo	1845—1905	$m' = 0.003716$
Odessa	1908—1910	3652
Pulkovo	1911—1916	3692.

Der erste und der dritte dieser drei Werte sind merklich zu hoch und beweisen, daß sich bei Ignorierung von Refraktionsschwankungen nicht, wie Orlov [12] annahm, der richtige Ausdehnungskoeffizient der Luft ergibt.

Als Aufklärung dieser Diskrepanz ergaben sich nach genauer Nachprüfung zwei Ursachen. Einmal hat Orlov [12] für die in (11) auftretenden Konstanten etwas zu niedrige Werte benutzt; zweitens muß bei den in Odessa von 1908 bis 1910 gemachten Beobachtungen eine Temperaturabhängigkeit der Biegung berücksichtigt werden. Beide Effekte wirken, wie sich zeigen läßt, in dem Sinn, daß in den Rechnungen von Orlov die in Wirklichkeit vorhandene Refraktionsschwankung verdeckt wurde.

Der Wert von 12°,94 für die jährliche Amplitude der Temperaturschwankung in Pulkovo wurde von Orlov aus Publikationen der Jahre um 1920 entnommen. Tatsächlich ergeben die von Bonsdorff gemachten und sehr detailliert publizierten Beobachtungen einen größeren Wert der Temperaturschwankung. Minimalwerte unter $-10°$ im Winter und Maximalwerte über $+20°$ im Sommer kommen so häufig vor, daß schon ein grober Überblick über die Einzelwerte beweist, daß die Amplitude etwa 15° ist. Mit diesem Wert wird die nach (11) berechnete Amplitude der Refraktionsschwankung um etwa 15% größer als nach Orlov. Außerdem hat Orlov für den richtigen Wert des Ausdehnungskoeffizienten der Luft $m = 0{,}003670$ angenommen und daraus als Fehler des von Bonsdorff benutzten Wertes $m = 0{,}003752$ den oben erwähnten Korrektionsbetrag $\Delta m = 0{,}82 \cdot 10^{-4}$ abgeleitet. Nach neuesten Bestimmungen ist aber

$$m = \frac{1}{273{,}2} = 0{,}003660,$$

so daß in (11) $\Delta m = 0{,}92 \cdot 10^{-4}$ einzusetzen ist. Diese Tatsache macht den aus (11) berechneten Wert der Amplitude der jährlichen Refraktionsschwankung um weitere 10% größer, als Orlov berechnet hat.

Bei Benutzung der richtigen Konstanten ergibt also Formel (11) eine Refraktionsschwankung, die größer ist als die von Bonsdorff gefundene und außerdem ein ihr entgegengesetztes Vorzeichen hat. Bei Anbringung dieser Korrektion an die von Bonsdorff benutzten Beobachtungen beweisen diese eine kleine Refraktionsschwankung im Lauf des Jahres, deren Vorzeichen nunmehr mit dem in Canberra und München gefundenen übereinstimmt.

Quantitativ ergeben sich folgende Verhältnisse. Bonsdorff hat die empirisch festgestellte Refraktionsschwankung in der Form

$$\frac{100\,(R - R_0)}{R_0} = -a \sin \tau - b \cos \tau \tag{12}$$

dargestellt, in der R und R_0 der zeitlich veränderliche bzw. mittlere Wert der Refraktionskonstante sind; τ ist ein Winkel, der zu Beginn des Jahres den Wert 0° und zu Jahresende den Wert 360° hat. Dann wurden durch ein Ausgleichsverfahren simultan der Ausdehnungskoeffizient m der Luft und die Konstanten a und b der Formel (12) bestimmt. Dabei ergab sich für die Beobachtungen in

Pulkovo	1845—1905	$m = 0{,}003762$	$a = +0{,}01$	$b = +0{,}10$
Odessa	1908—1910	3732	$+0{,}04$	$+0{,}14$
Pulkovo	1911—1916	3761	$+0{,}07$	$+0{,}13$

Aus allen drei Beobachtungsreihen hat sich ein erheblich zu großer Wert von m ergeben; außerdem folgt in jedem Fall eine Refraktionsschwankung, die ihre Extreme sehr nahe gleichzeitig mit den Extremwerten der Temperatur in den Monaten Januar und Juli annimmt.

Bonsdorff hat die Ausgleichung mit der Hypothese $a = b = 0$ wiederholt und dabei die oben erwähnten Werte m' des Ausdehnungskoeffizienten der Luft erhalten. Aus den Differenzen $m - m'$ können diejenigen Werte a_0, b_0 der Konstanten in (12) ermittelt werden, die sich im Fall der Reduktion der Beobachtungen mit dem richtigen Wert m_0 ergeben hätten. Da durch Übergang von m auf m' der Koeffizient a zum Verschwinden gebracht werden kann, ist

$$a = \alpha\,(m - m')$$

mit einem Proportionalitätskoeffizienten α, für den sich der Wert

$$\alpha = \frac{a}{m - m'}$$

ergibt. Folglich würde sich im Fall der Verwendung des Wertes m_0 für m ein Koeffizient a_0 in (12) ergeben, der gleich

$$a_0 = \alpha\,(m_0 - m') = a\,\frac{m_0 - m'}{m - m'}$$

ist. Analog würde sich für den Koeffizienten b_0 in diesem Fall der Wert

$$b_0 = b\,\frac{m_0 - m'}{m - m'}$$

ergeben. Die von Bonsdorff verwendeten drei Beobachtungsreihen hätten also bei Benutzung des richtigen Wertes

$$m_0 = 0{,}003660$$

bei der Reduktion der Einzelbeobachtungen die folgenden Konstanten in (12) ergeben:

Pulkovo	1845—1905	$a_0 = -0{,}01$	$b_0 = -0{,}12$
Odessa	1908—1910	$0{,}00$	$+0{,}01$
Pulkovo	1911—1916	$-0{,}03$	$-0{,}06$

Die Umrechnung auf den heute allgemein anerkannten Wert m_0 des Ausdehnungskoeffizienten der Luft ergibt also ein völlig neues Bild. Für die Beobachtungen in Pulkovo haben die beiden Koeffizienten a und b bei etwa gleichem Betrag ihr Vorzeichen gewechselt; es liegt also tatsächlich eine Refraktionsschwankung der gleichen Art wie in Canberra und München vor, bei der die Refraktionskonstante ihren kleinsten Wert im Sommer annimmt. Für die Beobachtungen in Odessa ergibt sich das völlige Fehlen einer jährlichen Refraktionsschwankung. Daß dieses Resultat nicht richtig ist, sondern daß auch die Beobachtungen in Odessa die gleiche Refraktionsschwankung wie die in Pulkovo, Canberra und München aufweisen, wird im folgenden Abschnitt bewiesen werden.

5. Einfluß der Biegung auf die Beobachtungen in Odessa

Die drei erwähnten Beobachtungsreihen, die Bonsdorff zur Untersuchung der Existenz periodischen Refraktionsschwankungen verwendet hat, sind mit zwei verschiedenen Instrumenten gemacht. Die Beobachtungen in Pulkovo von 1845—1905 sind mit dem Ertelschen Vertikalkreis, die Beobachtungen in Odessa von 1908—1910 mit dem Repsoldschen Vertikalkreis und die Beobachtungen in Pulkovo von 1911—1916 mit beiden Instrumenten gemacht worden.

Inzwischen wurde von Rabe [18] überzeugend bewiesen, daß die mit dem Repsoldschen Vertikalkreis gemachten Beobachtungen durch einen erheblichen Biegungseffekt der Form $b \sin z$ entstellt sind. Falls diese Biegung außerdem eine merkliche Temperaturabhängigkeit aufwies, müßte dadurch das Resultat jeder Nachprüfung der Existenz einer jährlichen Refraktionsschwankung entscheidend beeinflußt werden. Die Frage der Existenz einer Temperaturabhängigkeit der Biegung ist in der erwähnten Arbeit von Rabe [18] nicht näher geprüft worden; da aber nach den Untersuchungen des Verfassers [16] beim Münchner Vertikalkreis ein solcher Term vorliegt, ist seine Existenz auch im Fall des Repsoldschen Vertikalkreises der Sternwarte Pulkovo durchaus möglich.

Tatsächlich sind von Kossin [19] starke Indizien gefunden worden, die für die Existenz einer Temperaturabhängigkeit der Biegung des Repsoldschen Vertikalkreises sprechen. Aus einer Analyse der in den Jahren 1901 und 1902 mit diesem Instrument gemachten Beobachtungen ergaben sich merkliche Fehler der Form $\Delta\,\delta_\alpha$, deren Verlauf die Annahme einer jährlichen Schwankung der Biegung nahelegte. Da die von Kossin benutzten Beobachtungen zu einer anderen Zeit als die Beobachtungen von Bonsdorff gemacht wurden, sollen sie an dieser Stelle nicht als Beweisargument herangezogen werden.

Man kann aber einen entsprechenden Beweis aus den von Bonsdorff [3] selbst publizierten Einzelbeobachtungen gewinnen. Diese zeigen zwar bei Reduktion auf den richtigen Wert die Ausdehnungskoeffizienten der Luft keine jährliche Refraktionsschwankung; falls sie aber außerdem durch eine damals nicht erkannte jährliche Variation der Biegung beeinflußt sind, ist anzunehmen, daß beide Effekte vorliegen, sich jedoch in größeren Zenitdistanzen gegenseitig kompensiert haben.

Das würde erklären, warum die von Bonsdorff bei der Untersuchung der Refraktionsschwankung allein berücksichtigten Sterne mit Zenitdistanzen von mindestens 60° keine jährliche Variation der Refraktion ergaben.

Es soll nun angenommen werden, daß die auf den richtigen Wert von m reduzierten Zenitdistanzen durch den Ausdruck

$$z = z_0 + (A \sin z + B \operatorname{tg} z) \cos (\tau - \tau_0) \tag{13}$$

darstellbar sind, in dem A und B Konstante sind und τ den bereits in Gl. (12) benutzten Winkel bedeutet; τ_0 ist dann der Wert von τ zur Zeit des Temperaturminimums des Jahres. Aus der Tatsache, daß die Sterne in Zenitdistanzen über 60° keine merkliche Jahresschwankung der Refraktion zeigten, wäre zu schließen, daß in (13) genähert $A = -3\,B$ zu setzen ist; in diesem Fall müßten Sterne in mittleren Zenitdistanzen eine merkliche Jahresschwankung zeigen, weil für $z = 45°$ sich aus (13) mit $A = -3\,B$ der Ausdruck

$$z = z_0 - 1{,}12\, B \cos (\tau - \tau_0) \tag{14}$$

ergibt. Eine Analyse der Bonsdorffschen Beobachtungen bestätigte das.

Aus dem auf p. 82 gegebenen Katalog der definitiven Zenitdistanzen wurden für alle Sterne zwischen $z = 35°$ und $z = 55°$ Mittelwerte für jeden Monat des Jahres gebildet. Für jedes so erhaltene Monatsmittel wurde der Ansatz

$$z_i = z_0 + \zeta_i$$

gemacht, in dem ζ_i die durch den jährlichen Gang der Messungen in dem betreffenden Monat bedingte mittlere Korrektion ist. Mit n-Sternen ergeben sich somit $n + 12$ Unbekannte, weil zusätzlich zu den n gesuchten Werten z_0 die 12 Werte ζ_i ($i = 1, 2, \ldots 12$) bestimmt werden müssen. Tatsächlich war $n = 28$; dabei wurden jedoch im Fall des in beiden Kulminationen vertretenen Polarsterns die Tagbeobachtungen nicht verwendet. Die Zenitdistanzen wurden bei dieser Rechnung, wie es wegen der zum Zenit antisymmetrischen Formel (13) geschehen muß, als absolute Größen betrachtet.

Die Bestimmung der $n + 12$ Unbekannten geschah mit Hilfe eines

Näherungsverfahrens, bei dem zunächst mittels plausibler Anfangswerte für die z_0 die Korrektionen ζ_i für die 12 Monate des Jahres ermittelt wurden. Dann wurden von jedem Monatsmittel die in erster Näherung gefundenen ζ_i abgezogen und verbesserte Mittelwerte z_0 gebildet, mit deren Hilfe dann wieder die ζ_i in zweiter Näherung abgeleitet werden konnten. Nach insgesamt drei Iterationsschritten ergaben sich Werte ζ_i, die mit der vorangegangenen Näherung hinreichend gut übereinstimmten. Die Werte lauten

Januar	$\zeta = +0{,}''13$
Februar	$-0{,}03$
März	$+0{,}04$
April	$+0{,}10$
Mai	$-0{,}11$
Juni	$-0{,}03$
Juli	$-0{,}09$
August	$-0{,}08$
September	$+0{,}01$
Oktober	$-0{,}03$
November	$-0{,}02$
Dezember	$+0{,}10$

Die Zahlen ζ_i zeigen offenkundig einen systematischen Gang, weil in der warmen Jahreszeit negative, in der kalten Jahreszeit positive Werte stark überwiegen. Die Zahlen können gut durch den Ausdruck

$$\zeta_i = K \cos \frac{2\pi(i-1)}{12} \quad \text{mit} \quad K = +0{,}''073 \pm 0{,}''023$$

dargestellt werden. Es liegt also wirklich eine Schwankung der gemessenen Zenitdistanzen mit jährlicher Periode vor, deren Extremstellen mit den Extremen der Temperatur im Jahresablauf (Monate Juli und Januar) übereinstimmen.

Aus den Formeln (13) und (14) findet man also die Werte

$$B = -\frac{0{,}''073}{\sqrt{1{,}12}} = -0{,}''065 \qquad A = -3\,B = +0{,}''195$$

für die Koeffizienten der durch Biegung bzw. Refraktionsschwankung verursachten jährlichen Variationen der in Odessa beobachteten Zenitdistanzen. Der auf die Biegung zurückgehende Term, der in mittleren Zenitdistanzen überwiegt, hat zur Folge, daß die aus den Messungen abgeleiteten Deklinationen im Sommer zu positiv und im Winter zu negativ ausfallen. Das stimmt mit dem Vorzeichen des $\Delta\,\delta_\alpha$-Fehlers überein, den Kossin [19] durch Analyse der in den Jahren 1901 und 1902 mit dem gleichen Instrument gemachten Beobachtungen wahrscheinlich gemacht hat.

Wichtig für das Thema dieser Arbeit ist der die Refraktionsschwankung beschreibende Term *B*. Sein negatives Vorzeichen bedeutet gemäß (13), daß im Winter die mit der normalen Refraktionstheorie erhaltenen Zenitdistanzen zu klein ausfallen, im Sommer zu groß. Das Vorzeichen der gefundenen Refraktionsschwankung ist also nun dem der Formel (12) entgegengesetzt; auch für die Beobachtungen von Bonsdorff in Odessa ist damit eine Refraktionsschwankung in gleichem Sinn und etwa gleichem Betrag wie für die Beobachtungen in Pulkovo, Canberra und München nachgewiesen.

Zusammenfassend kann gesagt werden, daß für vier verschiedene Beobachtungsorte, die auf verschiedenen Halbkugeln und in merklich verschiedenen Klimazonen liegen, eine jährliche Refraktionsschwankung mit einer Amplitude von ungefähr 0,"1 gefunden worden ist; an allen vier Orten verläuft die Phase der Schwankung in dem Sinn, daß die Refraktion jeweils im Sommer kleiner und im Winter größer als ihr mittlerer Wert ist. Eine universelle Ursache dieser Erscheinung ist nach diesem Befund mit großer Wahrscheinlichkeit zu vermuten.

6. Mögliche Ursachen der Refraktionsschwankung

Wenn aus der Gleichartigkeit der gefundenen jährlichen Refraktionsschwankung in Amplitude und Phase, die an vier verschiedenen Orten gefunden wurde, mit hoher Wahrscheinlichkeit auf eine Ursache allgemeiner Art geschlossen werden kann, erhebt sich die Frage nach der genaueren Ursache. Ohne eingehende Untersuchungen dürfte sich darüber nichts aussagen lassen; es sollen daher an dieser Stelle nur einige erste Erörterungen allgemeiner Art vorgebracht werden.

Eine jährliche Schwankung der Refraktionskonstante mit dem in der vorliegenden Arbeit gefundenen Vorzeichen (d. h. im Sommer kleinere Werte als im Winter) folgt aus der Tatsache, daß die Refraktionstheorie entgegen der Wirklichkeit die atmosphärische Luft als ideales Gas behandelt. In Wirklichkeit lautet die Zustandsgleichung der Luft

$$\left(p + \frac{a}{v^2}\right)(v - b) = \frac{R}{\mu} T; \tag{15}$$

mit $a = b = 0$ geht diese Formel in die übliche Zustandsgleichung der idealen Gase über. Berechnet man die Dichte ρ mit der Gleichung der idealen Gase, die in der Refraktionstheorie als streng richtig vorausgesetzt wird, dann ergibt sich ein etwas fehlerhafter Wert; der richtige Wert ρ' folgt aus (15). Die Zahlenwerte der Konstanten in (15) ergeben sich daraus, daß die kritischen Werte von Druck und Temperatur durch

$$p_{kr} = \frac{a}{27\, b^2} = 34{,}5 \text{ at}, \quad T_{kr} = \frac{8\, a}{27\, R\, b} = 132{,}^{\circ}5\ K$$

gegeben sind. Mit diesen Werten wurden a und b und daraus nach (15) die wirkliche Dichte ρ' berechnet. Es ergab sich

$$\begin{array}{lll} \text{für } T = 300^\circ\ K & & \rho' = 1{,}0007\ \rho \\ \phantom{\text{für }} T = 260^\circ\ K & & \rho' = 1{,}0014\ \rho. \end{array}$$

Die wirkliche Dichte der Luft und mit ihr auch die Refraktion ist also immer etwas größer, als die Hypothese des idealen Gases ergibt. Dieser Effekt verursacht bei der Berechnung der Refraktion keinen Fehler, weil die Refraktionskonstante doch aus Beobachtungen ermittelt wird, wobei dieser Fehler im Mittel kompensiert wird. Nicht kompensiert wird jedoch der Unterschied des Wertes von ρ' zwischen Sommer und Winter. In der Tat ist die Dichte und mit ihr die Refraktion bei sonst gleichen Umständen im Sommer nach dem oben für $T = 300^\circ$ K erhaltenen Resultat kleiner als im Winter, was mit dem in der vorliegenden Arbeit festgestellten empirischen Befund übereinstimmt.

Allerdings ist die Amplitude des aus der Zustandsgleichung der realen Gase abgeleiteten jährlichen Ganges der Refraktionskonstante zu klein, um die Beobachtungen allein erklären zu können. Setzt man die Refraktionskonstante R etwa gleich 60″, dann müßte der Unterschied der für Winter bzw. Sommer gültigen Werte gleich

$$(1{,}0014 - 1{,}0007)\, R = 0{,}''04$$

sein; demgegenüber haben die in dieser Arbeit behandelten Beobachtungen Amplituden von etwa 0,″1, also Unterschiede von ungefähr 0,″2 zwischen Winter und Sommer ergeben. Die Vernachlässigung der für ein reales Gas erforderlichen Korrektionsgrößen durch die Refraktionstheorie kann daher nur rund 20% der gefundenen jährlichen Refraktionsschwankungen erklären.

Für denjenigen Anteil der Schwankung, der nicht auf diese Weise erklärt werden kann, läßt sich vorläufig eine konkrete Ursache nicht angeben. Da das Verhalten der unteren Schichten der Atmosphäre einigermaßen gut bekannt ist, liegt der Gedanke an einen Einfluß der höheren Schichten nahe. Es ist bekannt, daß es zwischen den unteren und den oberen Schichten der Erdatmosphäre Unterschiede gibt, die in verschiedenen Jahreszeiten verschieden groß sind. Nähere Einzelfragen dieser Art können hier nicht verfolgt werden, sondern müssen weiteren Untersuchungen vorbehalten bleiben.

7. Zusatz nach Fertigstellung des Manuskripts

Erst nach Abschluß des ursprünglichen Manuskripts der vorliegenden Arbeit wurden dem Verfasser die Arbeiten von Thom [20] über Mondbeobachtungen in der Steinzeit bekannt, aus denen überraschenderweise eine qualitative Bestätigung der hier gefundenen Schwankungen der Refraktion folgt. Auf p. 30/31 berichtet Thom [20], daß nach eigenen Messungen, die er zwecks Nachprüfung seiner Theorie über steinzeitliche Mondbeobachtungen in Horizontnähe vornahm, die Konstante der terrestrischen Refraktion sich im Winter höher als im Sommer und zur Nachtzeit größer als während des Tages ergab. Die Unterschiede, die am deutlichsten aus der Figur 3.2 auf p. 31 hervorgehen, sind so erheblich, daß sie nicht auf Meßfehlern beruhen können. Zusätzlich hatte Thom in einer früheren Arbeit [21] das Resultat gefunden, daß die von ihm angenommene Zuordnung der Steine bestimmter Kultstätten im nördlichen Schottland zu geeigneten Punkten der Mondbahn nur unter der Annahme richtig sind, daß sowohl die terrestrische als auch die astronomische Refraktion in der Nacht um einige Prozent größer sind als zur Zeit des Sonnenuntergangs. Das stimmt qualitativ genau mit dem Ergebnis der vorliegenden Arbeit überein.

Man muß der von Thom [21] geäußerten Überraschung zustimmen, daß bereits Astronomen der Steinzeit einen Effekt bemerkt haben, der den genauen modernen Messungen bis heute unbekannt geblieben ist. Die Erklärung des Paradoxons besteht darin, daß die Messungen der Astronomen der Steinzeit am Horizont vorgenommen wurden und außerdem nicht die Mondhöhen selbst, sondern die Azimute der Auf- und Untergänge gemessen wurden; bei der in hohen Breiten sehr schrägen Lage der scheinbaren Mondbahn wird das Azimut des Aufgangspunkts einer Bahn durch kleine Variationen der Höhe erheblich verändert.

Selbst wenn man die Untersuchungen von Thom [20] über Mondbeobachtungen in der Steinzeit nicht in allen Punkten als gesichert ansehen will, ist nicht zu übersehen, daß die von ihm gefundenen Ergebnisse und die Resultate der vorliegenden Arbeit sich gegenseitig stützen.

Literatur

[1] Gyldén, M. H.: Déduction des déclinaisons du catalogue principal. Observations de Poulkova, Vol. 5 (1873).

[2] Kudriavzev, B.: Publications de l'Observatoire central Nicolas, Série 2, Vol. 16, fasc. 2 (1908).

[3] Bonsdorff, I.: Publikations de l'Observatoire central Nicolas, Série 2, Vol. 24 (1913).

[4] Bonsdorff, I.: Resultate der absoluten Deklinationsbestimmungen des Pulkowoer Katalogs 1915, Helsinki 1922.

[5] Harzer, P.: Berechnung der Ablenkungen der Lichtstrahlen in der Atmosphäre der Erde. Publikationen der Sternwarte Kiel, Nr. 13 (1922—1924).

[6] Courvoisier, L.: Rezension von [5] in Vierteljahrsschrift der astron. Gesellsch., 61. Jahrgang, p. 17 (1926).

[7] Banachiewicz, T.: Über die von der Temperaturverteilung in der Atmosphäre abhängigen Refraktionsschwankungen. Acta astron., Serie c, Vol. 2, 17—20 (1931).

[8] Harzer, P.: Über den Einfluß der Tageszeit auf die Strahlenbrechung. Astron. Nachr. **242**, 157—158 (1931).

[9] Koebcke, F.: Some remarks on Harzer's refraktion tables. Bull. Soc. Sci. Lettres Poznań (B), Vol. 11, 160—162 = Poznań Reprint Nr. 25 (1951).

[10] Orlov, B. A.: Refraction tables of Pulkovo Observatory, 4th edition. Moscow-Leningrad 1956.

[11] Dneprovski, N.: Refraction tables of Pulkovo Observatory, 3rd edition. Moscow 1930.

[12] Orlov, B. A.: On periodic variations of refraction. Mitt. Astron. Hauptobs. Pulkovo, Bd. 23, Nr. 1, (171), 81—84 (1962).

[13] Brünig, M.: Messungen und Gedanken zur Frage der Refraktionswerte bei großen Zenitdistanzen. Die Sterne **31**, 172—176 (1955).

[14] Schmeidler, F.: Messungen fundamentaler Deklinationen auf beiden Hemisphären. Veröffentl. der Sternwarte München, Bd. 4, Nr. 22 (1957).

[15] Petri, W.: W. Rabe's Messungen absoluter Deklinationen ausgewählter Fundamentalsterne. Veröffentl. der Sternwarte München, Bd. 6, Nr. 1 (1961).

[16] Schmeidler, F.: Biegung und Refraktionsstörung am Münchner Vertikalkreis. Astron. Nachr. **276**, 63—77 = Veröffentl. der Sternwarte München, Bd. 3, Nr. 8 (1948).

[17] Cecchini, G.: Movement of the pole. Bureau central des télégrammes astronomiques, Circulaire Nr. 1804 (1962).

[18] Rabe, W.: Über die extremen systematischen Fehler $\Delta\,\delta_\delta$ bei absoluten Deklinationsbeobachtungen. Astron. Nachr. **248**, 369—388 = Veröffentl. der Sternwarte München, Bd. 1, Nr. 1 (1933).

[19] Kossin, G. S.: A new reduction of observations made with the Repsold vertical circle in 1901—1902. Mitt. Astron. Hauptoberservatorium Pulkovo **20**, Nr. 4, 72—90 (1957).

[20] Thom, A.: Megalithic lunar observatories. Clarendon Press Oxford 1971.

[21] Thom. A.: The lunar observatories of megalithic man. Vistas in Astronomy **11**, 1 (1969).

www.ingramcontent.com/pod-product-compliance
Ingram Content Group UK Ltd.
Pitfield, Milton Keynes, MK11 3LW, UK
UKHW021930190726
13853UKWH00002B/951
* 9 7 8 3 6 6 2 2 2 7 3 9 8 *